**Florian Heitkamp**

# Die Bestimmung der Elementarladung durch den Milli-kan-Versuch

GRIN Verlag

**Bibliografische Information der Deutschen Nationalbibliothek:**

Die Deutsche Bibliothek verzeichnet diese Publikation in der Deutschen National-
bibliografie; detaillierte bibliografische Daten sind im Internet über http://dnb.d-
nb.de/ abrufbar.



**Impressum:**

Copyright © 2009 GRIN Verlag, Open Publishing GmbH
Druck und Bindung: Books on Demand GmbH, Norderstedt Germany
ISBN: 978-3-640-88268-7

**Dieses Buch bei GRIN:**

http://www.grin.com/de/e-book/169658/die-bestimmung-der-elementarladung-
durch-den-millikan-versuch

Willy-Brandt-Gymnasium
Oer-Erkenschwick

Jahrgangsstufe 12




# FACHARBEIT

## Im Grundkurs Physik

### Die Bestimmung der Elementarladung durch den Millikan-Versuch

Verfasser:            Florian Heitkamp

Bearbeitungszeit:     Anfang Januar 2009 – Ende Februar 2009

Abgabetermin:         Ende Februar 2009

# Inhaltsverzeichnis

# I. Einleitung

Nachdem im Physikunterricht die Sprache auf das Verhältnis von $\frac{e^-}{m}$ gekommen war, sprach Herr Tschirner den Millikan-Versuch an und erwähnte, dies sei ein mögliches Thema für eine Facharbeit im Grundkurs Physik. Je länger ich mich mit dieser Materie beschäftigte, desto mehr gewann der Millikan-Versuch an Reiz für mich. Da ich prinzipiell jemand mit einem sehr breit gefächerten Interessensspektrum bin und Physik auch durchaus einer meiner LKs hätte werden können, beschloss ich also die Möglichkeit zu ergreifen meine Facharbeit in Physik zu schreiben. Ein wenig skeptisch war ich zu Beginn schon, als ich hörte, dass das Thema ein Experiment sein würde, weil ich im Allgemeinen eher ein „Theoretiker" als ein „Praktiker" bin. Dennoch sah ich das Experiment bald auch als Chance an, meine praktischen Fähigkeiten zu testen und ein bedeutendes physikalisches Experiment selbst – praktisch und theoretisch – nachvollziehen. Die mir gestellte Aufgabe lautete „Die Bestimmung der Elementarladung durch den Millikan-Versuch". Das Ziel hierbei soll sein, sowohl die Elementarladung an sich zu bestimmen als auch zu zeigen, dass jegliche Ladung nur als Vielfaches davon vorkommt. Dazu werde ich zunächst einen Überblick über das Leben und Wirken Robert Andrews Millikans geben, das Problem näher erläutern, die Grundlagen und den Aufbau des Versuches darlegen, verschiedene Varianten des Versuches aufzeigen, die Theorie für die von mir gewählte Variante erläutern, sowie die Formeln herleiten, meine Messungen auswerten und schlussendlich ein Fazit ziehen.

## 1. Die Biographie von Robert Andrews Millikan

Robert Andrews Millikan wurde am 22. März 1868 in Morrison im Staate Illinois in den Vereinigten Staaten von Amerika als Sohn von Reverend Silas Franklin Millikan und Mary Jane Andrews geboren. Seine Kindheit verbrachte Millikan auf dem Land und er besuchte später die Maquoketa High School in Iowa. Nachdem er diese abgeschlossen hatte, arbeitete er für kurze Zeit als Gerichtsreporter und besuchte dann ab 1886 das Oberlin College in Ohio. Zu seinen Lieblingsfächern während seiner Zeit dort zählten Griechisch und Mathematik – Physik war noch nicht darunter. Sein Interesse an der Physik wurde erst geweckt, als er nach Ende seiner Zeit am College als Lehrer für die Grundlagen der Physik arbeitete. Sein Physikdiplom machte Robert Andrews Millikan 1893. Im selben Jahr erhielt er seine Anstellung an der Columbia University, wo er auch 2 Jahre später promovierte. Seine Doktorarbeit behandelte die Polarisierung von Licht welches von glühenden Oberflächen emittiert wird, wozu er Versuche mit geschmolzenem Gold an der US-Mint durchführte[1]. Von 1895 bis 1896 studierte Millikan ein Jahr an deutschen Universitäten in Berlin und Göttingen, von wo aus er 1896, der Einladung von A. A. Michelson folgend, wieder in die USA zurückkehrte, um dessen Assistent am Ryerson Laboratory an der Universität von Chicago zu werden. Robert Andrews Millikan wird oft als ein „hervorragender Lehrer" beschrieben[2]. Im Jahre 1910 wurde er zum Professor ernannt, wozu er sich über die normale universitäre Rangfolge hochgearbeitet hatte. In Chicago, wo er bis 1921 Professor bleiben sollte, widmete er sich vor allem dem Schreiben von Lehrbüchern und der Vereinfachung des Unterrichtens der Physik. Millikan verfasste aber nicht nur Schulbücher, sondern auch eine sehr große Anzahl weiterer Bücher und Schriften für Fachzeitschriften sowie auch religiös philosophische Texte, in denen er sich für die Vereinbarkeit von Wissenschaft und Religion aussprach[3]. Er war also nicht nur ein faktenorientierter Wissenschaftler, sondern auch ein durchaus religiöser und gläubiger Mensch. Als Physiker sind ihm viele bedeutende Entdeckungen und Durchbrüche zuzuschreiben. Hierzu zählen unter Anderem experimentelle Nachweise dessen, was andere Physiker wie Einstein nur theoretisch vorausgesagt hatten. Unter diesen Nachweisen finden sich die Bestimmung der Elementarladung und die erste Bestimmung des Plank'schen Wirkungsquantums $h$ über direkte photoelektrische Methoden[4]. Weiterhin führten seine Untersuchungen der Brown'schen Bewegung dazu, dass in der Welt der Physik der letzte Zweifel daran ausgeräumt wurde, dass alle Materie aus Atomen zusammengesetzt ist. Ein weiteres Verdienst Millikans ist, dass er oftmals das Potential bestimmter Ansätze richtig einzuschätzen vermochte. So konnte er Studenten in eine bestimmte Richtung lenken, was im Falle von Carl David Anderson, welcher über die kosmische Strahlung forschte, in der Entdeckung zweier neuer Elementarteilchen kulminierte. Allerdings stand Millikan mitunter auch im Disput mit einigen Kollegen seiner Zunft, wie zum Beispiel mit dem Physiker Viktor Franz Hess, an dessen Theorie zur kosmischen Höhenstrahlung er scharfe Kritik übte,

---

[1] Vgl. Nobel Lectures, Physics 1922-1941
[2] Vgl. Spencer Weart, Selected Papers of Great American Physicists: The Bicentennial Commemorative Volume of The American Physical Society
[3] Vgl. Nobel Lectures, Physics 1922-1941
[4] Vgl. Georg Federmann, V.F. Hess – Eine Diplomarbeit

weil Millikans eigene Versuche dergleichen nicht aufzuspüren vermochten. Nachdem Hess mit verbesserten Geräten ihre Existenz doch noch zu beweisen in der Lage war, gab Millikan dies als seinen eigenen Erfolg aus, woraufhin Hess beleidigt war und erst durch die Verleihung des Nobelpreises an ihn wieder versöhnt wurde[1]. Robert Andrews Millikan wurde mit zahllosen Preisen ausgezeichnet. Im Jahre 1923 wurde ihm der Physiknobelpreis für seine Arbeit über die Elementarladung verliehen. Zu den ihm verliehenen Preisen zählten nicht nur solche, die die Wissenschaften betrafen, sondern unter anderem auch der chinesische Jadeorden sowie der Titel „Kommandant der französischen Ehrenlegion". Darüber hinaus hatte er die Ehrendoktorwürde 25 verschiedener Universitäten inne und war Ehrenmitglied diverser Lehrinstitutionen der USA und des Auslandes. In seiner Freizeit frönte Robert Andrews Millikan dem Tennis- und Golfspiel. Seine Frau, Greta Erwin Blanchard, mit der er drei Söhne hatte, heiratete er 1902. Am 19. Dezember 1953 starb der Wissenschaftler Robert Andrews Millikan und sein Vermächtnis spielt noch immer eine gewichtige Rolle in der Physik , wie beispielsweise der von ihm konzipierte Öltröpfchenversuch, der Thema dieser Arbeit ist.

# 2. Der Millikan-Versuch

## 2.1 Problemstellung ($\frac{e^-}{m}$ Bestimmung)[2]

Mit Hilfe von Elektronenstrahlen in einem B-Feld lässt sich die Ladung eines Kilogramms Elektronen bestimmen.

---

[1] Vgl. Georg Federmann, V.F. Hess – Eine Diplomarbeit
[2] Basierend auf Notizen aus dem Physikunterricht

Der Versuchsaufbau sieht wie folgt aus:

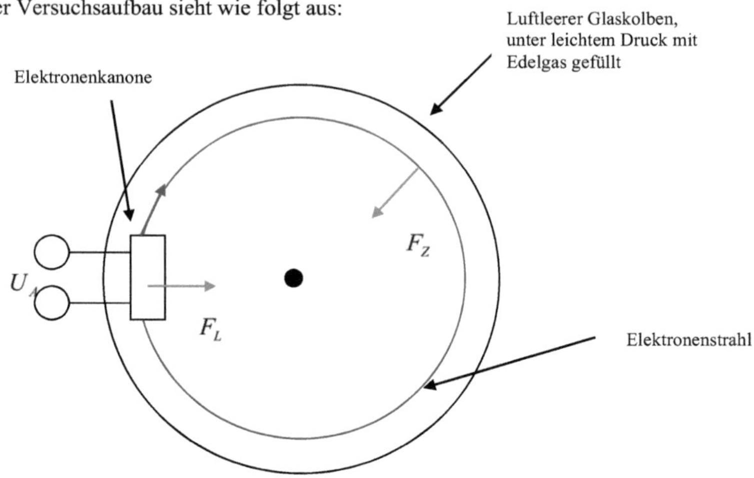


Ein homogenes Magnetfeld durchsetzt den Glaskolben senkrecht zur Zeichenfläche, wobei die Feldlinien in diese hineingehen.

Da $F_Z$ in diesem Falle durch $F_L$ hervorgerufen wird, gilt folgendes Kräftegleichgewicht:

$$F_Z = F_L$$

$$\text{mit } F_Z = \frac{m \cdot v^2}{r} \text{ und } F_L = e^- \cdot B \cdot v$$

$$\frac{e^-}{m} = \frac{2 \cdot U_A}{r^2 \cdot B^2}$$

Aus dieser Formel lässt sich die Ladung eines Kilogramms Elektronen berechnen. Ihre genaue Erscheinungsform, beziehungsweise die Frage ob überhaupt einzelne, von einander getrennte Elektronen existieren, bleibt offen. Ebenso die Frage, ob einzelne Elektronen alle die gleiche Ladung tragen oder ob sich diese unterscheidet.

## 2.2 Die Grundlagen und der Aufbau des Millikan-Versuches

### Grundlagen

Ziel des Millikan-Versuches ist es, die Ladung einzelner Öltöpfchen zu bestimmen und zu zeigen, dass Ladungen nur als ganzzahliges Vielfaches einer Elementarladung vorkommen, deren Wert ebenfalls bestimmt werden soll.

Die Formel zur Bestimmung der Geschwindigkeit einer Ladung in einem elektrischen Feld lautet:

$$v = \sqrt{\frac{2 \cdot q \cdot U_A}{m}}$$

Die Geschwindigkeit hängt also von drei Faktoren ab.

> Der Ladung $q$

> Der Anodenspannung $U_A$ und damit von $E$, da $E = \dfrac{U}{d}$

> Der Masse $m$

Wenn man obige Formel dahingehend umdeutet, dass die Geschwindigkeit sowie $U$ und indirekt $m$ gemessen werden, wobei die Masse wie in 2.4 dargelegt vom Radius des Tröpfchens abhängt und sich sowohl $U$ als auch $v$ ohne größere Schwierigkeiten bestimmen lassen, kann man die Ladung eines sich in einem $E$-Feld bewegenden Öltröpfchens berechnen.

**Aufbau**

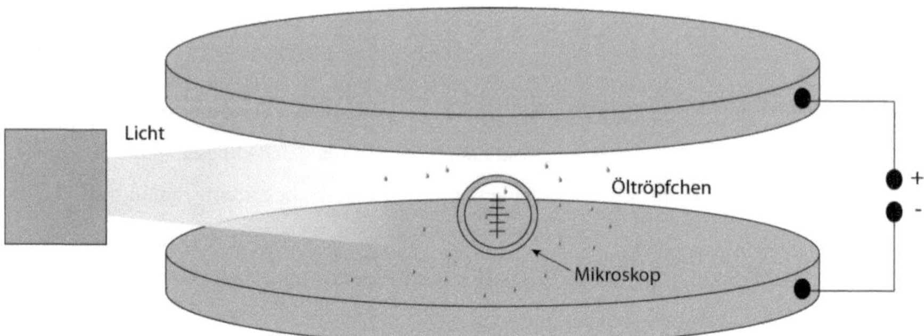


(Graphik nach: METZLER Physik, 3. Auflage 1998, Schroedel Verlag)

Als Grundlage des Versuches dient ein horizontal aufgestellter Plattenkondensator, mit dessen Hilfe ein homogenes $E$-Feld erzeugt wird. Durch eine Öffnung in dem Plattenkondensator oder auch in der den Kondensator seitlich umgebenden Schutzhülle werden negativ geladene Öltröpfchen zwischen die Kondensatorplatten gesprüht. Die Tröpfchen sollten negativ geladen sein, sodass das elektrische Feld ihre Bewegungsrichtung beeinflussen kann[1]. Durch eine Lampe werden die Öltröpfchen im Gegenlicht im Mikroskop sichtbar gemacht. Man sollte sich nun eines der Öltröpfchen zur weiteren Beobachtung aussuchen. Abhängig von der gewählten Richtung des elektrischen Feldes ist eine Sink- oder Steigbewegung besagten Tröpfchens zu beobachten, wobei dessen Geschwindigkeit durch die Luftreibung als konstant anzusehen ist[2]. Die Bestimmung der Geschwindigkeit erfolgt nun durch Messung des zurückgelegten Weges und der dafür benötigten Zeit. Gemessen wird diese über eine Stoppuhr, die entweder manuell oder elektronisch gestartet wird.

---

[1] Vgl. Kevin Kaatz, Der Millikan-Versuch
[2] Dieser Sachverhalt ist in 2.4 näher erläutert

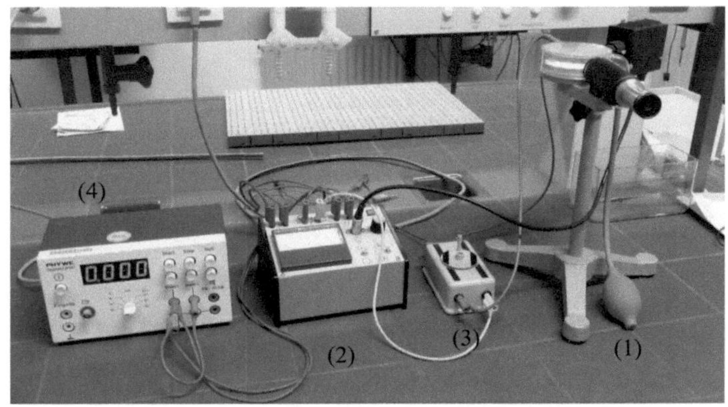

Versuchsaufbau, wie von mir genutzt.[1]

Geräte, die ich zur Durchführung des Versuches genutzt habe:

> Millikangerät (559 41) (1)[2]
> Netzgerät (559 42) (2)[3]
> Gerät zum Umpolen der Stromrichtung (3)
> Elektronischer Digitalzähler (11758.93) (4)[4]

Der Digitalzähler wurde so mit dem Netzgerät verbunden, dass er durch Umlegen des Schalters 17[5] gestartet und durch nochmaliges Umlegen wieder gestoppt wird. Der Aufbau des elektrischen Feldes erfolgt durch Umlegen des Schalters 16[6]. Umgepolt wird das $E$-Feld durch den Stromumpoler. Normalerweise wird dieser Versuch mit zwei Stoppuhren durchgeführt, wobei idealerweise die eine automatisch gestartet und die andere angehalten wird, wenn das Feld umgepolt wird. In meinem Fall aber ließ sich die Stoppuhr vom Typ Leybold 575 45 nicht mit dem Netzgerät und der Uhr vom Typ Phywe 11758.93 verbinden, so dass dies funktioniert hätte. Eine Rolle hierbei mögen die unterschiedlichen Herstellerfirmen der Uhren, sowie die Tatsache gespielt haben, dass das Netzgerät eigentlich gar nicht für die von mir gewählte Versuchsvariante gedacht ist[7]. Beachtet werden muss bei diesem

---

[1] Schaltskizze in 4.3
[2] Gerätekarte in 4.5
[3] Gerätekarte in 4.5
[4] Gerätekarte in 4.5
[5] Vgl. Leybold-Heraeus GmbH, Gebrauchsanweisung Millikangerät Netzgerät
[6] Vgl. Leybold-Heraeus GmbH, Gebrauchsanweisung Millikangerät Netzgerät
[7] Folgt aus Leybold-Heraeus GmbH, Gebrauchsanweisung Millikangerät Netzgerät

Versuchsaufbau, dass die tatsächlich zurückgelegte Strecke aufgrund der 1,875fachen Objektivvergrößerung des Mikroskops von der eigentlich durch das Okular beobachteten Strecke abweicht

Es gilt für die tatsächlich zurückgelegte Strecke:

$$s = \frac{x}{1,875} \cdot 10^{-4} \, m$$

$x$ steht für die Anzahl an $10^{-4} \, m$ großen Skalenteilen.

Des Weiteren lässt sich am Netzteil eine Kondensatorspannung bis 600 Volt einstellen.

## 2.3 Die verschiedenen Varianten des Millikan-Versuches

### Gleichfeldmethode

Bei dieser Variante des Millikan-Versuches lässt man ein Öltröpfchen in einem $E$-Feld sinken und misst die Sinkgeschwindigkeit ($v_1$). Sobald die Messwerte für die Sinkbewegung vorliegen, ist das $E$-Feld umzupolen, so dass sich das Öltröpfchen nun in die entgegengesetzte Richtung bewegt, es also im $E$-Feld steigt. Auch nun muss für diese Bewegung die Geschwindigkeit ($v_2$) bestimmt werden. Aus $v_1$ und $v_2$ lässt sich dann mit Hilfe der in 2.4 erläuterten Formeln die Masse und damit auch die Tröpfchenladung bestimmen.

### Sink-/Steigmethode

Die Unterschiede dieser Methode zur Gleichfeldmethode zeigen sich erst bei der Durchführung des Versuches. So lässt man zwar das Töpfchen auch hier steigen und misst die Geschwindigkeit ($v_1$), doch schaltet man danach die Spannung ab und lässt das elektrische Feld somit zusammenbrechen, wodurch das Tröpfchen sinkt. Aus der Sinkgeschwindigkeit ($v_2$) lässt sich auf die Masse des Tröpfchens schließen, wodurch man dann seine Ladung berechnen kann.

**Schwebemethode**

Die Schwebemethode funktioniert ähnlich wie die Sink-/Steigmethode. Der Unterschied zu der bereits beschriebenen Methode besteht darin, dass eine Spannung $U$ für das $E$-Feld gewählt wird, welche das Öltröpfchen schweben lässt. Hieraus ergibt sich $v_1 = 0$ für die Steigbewegung. Nach Abschalten der Spannung fällt das Tröpfchen mit einer Geschwindigkeit ($v_2$), welche wiederum wie bei der Sink-/Steigmethode auf die Masse des Öltröpfchens schließen lässt. Die für diese Spielart des Versuches angewandten Formeln sind zwar wegen $v_1 = 0$ einfacher zu handhaben als bei der Sink-/Steigmethode[1], jedoch sind die sich für $q_{Tröpfchen}$ ergebenden Werte deutlich ungenauer, da es in der Praxis sehr schwierig ist, genau die Spannung zu finden, bei der das Tröpfchen bewegungslos im elektrischen Feld schwebt[2].

**Meine Wahl**

Da die Schwebemethode massive Messungenauigkeiten mit sich bringt und meiner Meinung nach die Herleitung der Formeln bei der Gleichfeldmethode bedeutend einfacher ist als bei der Sink-/Steigmethode, da $F_{el}$ und $F_G$ sofort als bei der Sink- und Steigbewegung konstante Faktoren auffallen, habe ich mich letztendlich für die Gleichfeldmethode entschieden.

## 2.4 Die Theorie zur Bestimmung der Tröpfchenladung[3]

Nachdem die Methodik und die Grundlagen des Versuches dargestellt sind, soll nun die Theorie zur Bestimmung der Tröpfchenladung erläutert werden. Dazu wird zunächst untersucht, welche Kräfte im Einzelnen bei der Sink- und Steigbewegung wirken.

---


[1] Vgl. LD DIDAKTIK GmbH, Bestimmung der elektrischen Elementarladung nach Millikan
[2] Vgl. LD DIDAKTIK GmbH, Bestimmung der elektrischen Elementarladung nach Millikan
[3] Folgt Rupprecht-Gymnasium (Ernst Leitner, Uli Finckh, Frank Fritsche), Öltröpfchenversuch von Millikan – Herleitung zum Millikanversuch und Rupprecht-Gymnasium (Ernst Leitner, Uli Finckh, Frank Fritsche), Öltröpfchenversuch von Millikan – Antwort 5

**Sinkbewegung**

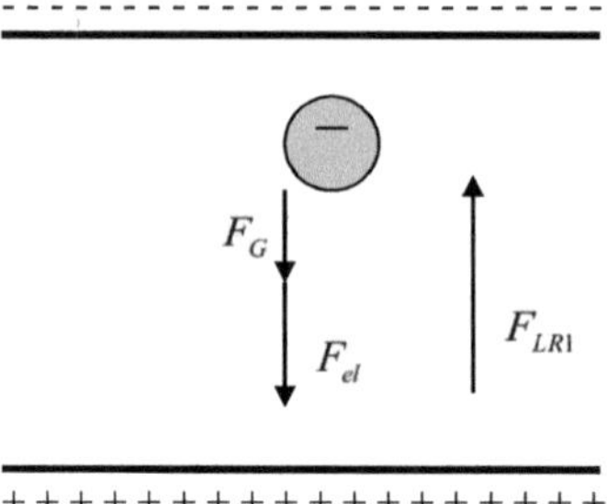

Damit die Kräfte in ihrem Zusammenspiel tatsächlich ein Gleichgewicht ergeben, muss die Annahme gelten, dass die Sinkgeschwindigkeit des Tröpfchens konstant ist. Tatsächlich ist sie es zumindest auf einem Teil der zurückgelegten Strecke jedoch nicht. Da aber der Radius des Tröpfchens äußerst gering ist und mit zunehmender Geschwindigkeit auch die Stokes'sche Reibungskraft proportional zu dieser zunimmt, erreicht das negativ geladene Öltröpfchen nach kürzester Zeit seine maximale Fallgeschwindigkeit. Die nach unten wirkenden Kräfte ($F_G$ und $F_{el}$) und die nach oben wirkende Stokes'sche Reibungskraft ($F_{LR1}$) heben sich auf, man erhält somit ein Kräftegleichgewicht.

$$F_{el} + F_G = F_{LR1}$$

**Steigbewegung**

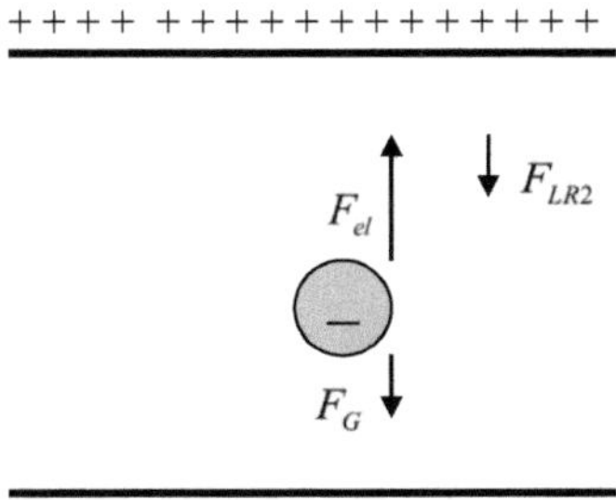

Analog zur Sinkbewegung ist auch bei der Steigbewegung im umgepolten $E$-Feld die Steiggeschwindigkeit als konstant zu betrachten. Daraus ergibt sich, dass sich die nach unten wirkenden Kräfte ($F_G$ und $F_{LR2}$) und die nach oben wirkende Kraft ($F_{el}$) sich aufheben.

Es gilt folgendes Kräftegleichgewicht:

$$F_{el} - F_G = F_{LR2}$$

Aus den beiden Bewegungen eines Tröpfchens haben sich also zwei Gleichungen bilden lassen, die insgesamt zwei Unbekannte und zwei Konstanten enthalten.

$$F_{el} + F_G = F_{LR1}$$
$$F_{el} - F_G = F_{LR2}$$

Da es sich um das gleiche Öltröpfchen handelt und auch die Kraft des elektrischen Feldes betragsgleich ist, hat man also ein lineares Gleichungssystem im mathematischen Sinne erhalten, das es zu lösen gilt.

Die Anwendung des Additionsverfahrens auf das lineare Gleichungssystem ergibt durch Auflösen nach $F_{el}$:

$$F_{el} = \frac{F_{LR1} + F_{LR2}}{2}$$

$$\text{mit } F_{el} = E \cdot q \text{ und } F_{LR} = 6 \cdot \pi \cdot \eta \cdot r \cdot v$$

wobei $\eta$ die Viskosität der Luft ist

$$\eta = 1{,}828 \cdot 10^{-5} \frac{N \cdot s}{m^2}$$

und $r$ den Radius des Tröpfchens darstellt

$$E \cdot q = \frac{6 \cdot \pi \cdot \eta \cdot r \cdot v_1 + 6 \cdot \pi \cdot \eta \cdot r \cdot v_2}{2}$$

Vereinfacht sieht dies so aus:

$$E \cdot q = \frac{6 \cdot \pi \cdot \eta \cdot r \cdot (v_1 + v_2)}{2}$$

Somit ergibt sich also nach Umstellen der Gleichung für die Ladung des Öltröpfchens folgendes:

$$q = \frac{6 \cdot \pi \cdot \eta \cdot r \cdot (v_1 + v_2)}{2 \cdot E} = \frac{3 \cdot \pi \cdot \eta \cdot r \cdot (v_1 + v_2)}{E}$$

Das Problem ist nun aber, dass der Radius des Tröpfchens unbekannt ist. Man kehrt deshalb zurück zum linearen Gleichungssystem, löst dieses jetzt aber nach $F_G$ auf.

$$F_G = \frac{F_{LR1} - F_{LR2}}{2}$$

$$\text{mit } F_G = m \cdot g \text{ und } F_{LR} = 6 \cdot \pi \cdot \eta \cdot r \cdot v$$

$$m \cdot g = \frac{6 \cdot \pi \cdot \eta \cdot r \cdot v_1 - 6 \cdot \pi \cdot \eta \cdot r \cdot v_2}{2} = 3 \cdot \pi \cdot \eta \cdot r \cdot v_1 - 3 \cdot \pi \cdot \eta \cdot r \cdot v_2$$

Ausklammern ergibt

$$m \cdot g = 3 \cdot \pi \cdot \eta \cdot r \cdot (v_1 - v_2)$$

Diese Formel ließe sich zwar nach $r$ auflösen, jedoch gäbe es dann die Masse des Öltröpfchens als Unbekannte. Diese lässt sich aber über einen Umweg bestimmen, nämlich wenn man die Dichte des Öls mit dem Volumen einer Kugel, als Annäherung an den Rauminhalt des Tröpfchens, multipliziert.

$$m = V_{Kugel} \cdot \rho_{\ddot{O}l}$$

$$\text{mit} \quad m = \frac{4}{3} \cdot \pi \cdot r^3 \cdot \rho_{\ddot{O}l} \qquad \rho_{\ddot{O}l} = 875{,}3 \, \frac{kg}{m^3}{}^{[1]}$$

$$\frac{4}{3} \cdot \pi \cdot r^3 \cdot \rho_{\ddot{O}l} \cdot g = 3 \cdot \pi \cdot \eta \cdot r \cdot (v_1 - v_2)$$

ergibt gekürzt

$$\frac{4}{3} \cdot r^2 \cdot \rho_{\ddot{O}l} \cdot g = 3 \cdot \eta \cdot (v_1 - v_2)$$

Diese Formel enthält außer $r$ nur bekannte oder messbare Werte, sodass man sie hiernach auflösen muss, um einen belastbaren Wert für den Radius zu erhalten.

$$4 \cdot r^2 \cdot \rho_{\ddot{O}l} \cdot g = 9 \cdot \eta \cdot (v_1 - v_2)$$

$$r^2 = \frac{9 \cdot \eta \cdot (v_1 - v_2)}{4 \cdot \rho_{\ddot{O}l} \cdot g}$$

$$r = \frac{3}{2} \cdot \sqrt{\frac{\eta \cdot (v_1 - v_2)}{\rho_{\ddot{O}l} \cdot g}}$$

Dies wird in $q = \dfrac{3 \cdot \pi \cdot \eta \cdot r \cdot (v_1 + v_2)}{E}$ eingesetzt

---

[1] Wert aus Leybold-Heraeus GmbH, Gebrauchsanweisung Millikangerät Netzgerät

$$q = \frac{3 \cdot \pi \cdot \eta \cdot (v_1 + v_2) \cdot \dfrac{3}{2} \cdot \sqrt{\dfrac{\eta \cdot (v_1 - v_2)}{\rho_{\ddot{O}l} \cdot g}}}{E}$$

Einige Schönheitskorrekturen führen zu folgender Gleichung

$$q = \frac{9 \cdot \pi \cdot \eta \cdot (v_1 + v_2)}{2 \cdot E} \cdot \sqrt{\frac{\eta \cdot (v_1 - v_2)}{\rho_{\ddot{O}l} \cdot g}}$$

Bei den Werten, die sich für $q$ ergeben, kann es sein, dass diese mitunter erheblich von ihrem Sollwert abweichen, da die Stokes'sche Reibung für kleine Radien nicht mehr ohne Weiteres gilt.[1]

Die Cunningham-Korrektur für die Stokes'sche Reibung lautet:

$$F_{LR} = \frac{6 \cdot \pi \cdot \eta \cdot r \cdot v}{1 + \dfrac{0{,}86\lambda}{r}} \qquad \lambda \text{ ist die mittlere freie Weglänge von Gas}$$

$$\lambda = 68 \cdot 10^{-9}\,m$$

Durch diese Formel müsste man normalerweise die eingangs benutzte Formel der Stokes'schen Reibungskraft ersetzten. Da die von mir ermittelten Werte aber größtenteils in einem akzeptablen Toleranzrahmen liegen, habe ich darauf verzichtet, die bereits sehr genauen Werte für $q$ einer Korrektur zu unterziehen.

## 2.5 Anwendung auf die Versuchsergebnisse und Bestimmung der Elementarladung

Ich versuchte, mir möglichst langsame Öltröpfchen auszusuchen, um Ungenauigkeiten bei der Zeitnahme in Grenzen zu halten. Den Weg, den der Schalter zurücklegen muss, bis die Uhr tatsächlich gestartet oder gestoppt wird, versuchte ich ebenfalls so gut wie möglich mit einzubeziehen, indem ich diesen schon betätigte, als das Öltröpfchen kurz davor war, die Grenze zu dem von mir

---

[1] Vgl. LD DIDAKTIK GmbH, Bestimmung der elektrischen Elementarladung nach Millikan

für die Zeitmessung bestimmten Skalenabschnitts zu überschreiten. Als Spannung wählte ich 600 Volt, da meine Beobachtungen mir gezeigt hatten, dass bei niedrigeren Spannungen das Öl teils nicht zum Steigen zu bewegen war oder aber zu langsam stieg, so dass die Anzeige des Digitalzählers nicht mehr ausgereicht hätte, um die Zeit anzuzeigen, und die Messreihe insgesamt bedeutend in die Länge gezogen worden wäre. Für die Strecke $s$ erschienen mir 10 Skalenteile angemessen, zumal es mir größtenteils gelungen war, relativ langsame Öltröpfchen auszuwählen.

Die Werte für die Strecke, die Spannung, $d$, Sinkzeit und Steigzeit trug ich in einer Excel-Tabelle ein.

| Tröpfchen Nummer | Strecke $s$ in $m$ | $U$ in $V$ | $d$ in $m$ | Sinkzeit in $s$ | Steigzeit in $s$ |
|---|---|---|---|---|---|
| 1 | 5,33333E-04 | 600 | 0,006 | 2,828 | 7,372 |
| 2 | 5,33333E-04 | 600 | 0,006 | 1,065 | 1,857 |
| 3 | 5,33333E-04 | 600 | 0,006 | 1,515 | 2,494 |
| 4 | 5,33333E-04 | 600 | 0,006 | 1,773 | 2,626 |
| 5 | 5,33333E-04 | 600 | 0,006 | 3,732 | 7,438 |
| 6 | 5,33333E-04 | 600 | 0,006 | 4,102 | 6,629 |
| 7 | 5,33333E-04 | 600 | 0,006 | 2,194 | 3,388 |
| 8 | 5,33333E-04 | 600 | 0,006 | 2,673 | 3,94 |
| 9 | 5,33333E-04 | 600 | 0,006 | 2,468 | 3,096 |
| 10 | 5,33333E-04 | 600 | 0,006 | 4,204 | 8,069 |
| 11 | 5,33333E-04 | 600 | 0,006 | 2,833 | 15,399 |
| 12 | 5,33333E-04 | 600 | 0,006 | 1,852 | 6,499 |
| 13 | 5,33333E-04 | 600 | 0,006 | 2,702 | 6,284 |
| 14 | 5,33333E-04 | 600 | 0,006 | 1,21 | 1,635 |
| 15 | 5,33333E-04 | 600 | 0,006 | 1,16 | 1,494 |
| 16 | 5,33333E-04 | 600 | 0,006 | 1,367 | 8,539 |
| 17 | 5,33333E-04 | 600 | 0,006 | 2,758 | 5,048 |
| 18 | 5,33333E-04 | 600 | 0,006 | 2,256 | 7,295 |
| 19 | 5,33333E-04 | 600 | 0,006 | 1,48 | 8,025 |
| 20 | 5,33333E-04 | 600 | 0,006 | 1,546 | 3,209 |
| 21 | 5,33333E-04 | 600 | 0,006 | 1,679 | 1,802 |
| 22 | 5,33333E-04 | 600 | 0,006 | 1,318 | 1,69 |
| 23 | 5,33333E-04 | 600 | 0,006 | 2,16 | 4,658 |
| 24 | 5,33333E-04 | 600 | 0,006 | 1,661 | 2,42 |
| 26 | 5,33333E-04 | 600 | 0,006 | 2,178 | 2,889 |
| 27 | 5,33333E-04 | 600 | 0,006 | 1,315 | 2,047 |
| 28 | 5,33333E-04 | 600 | 0,006 | 3,788 | 5,183 |
| 29 | 5,33333E-04 | 600 | 0,006 | 3,966 | 8,186 |
| 30 | 5,33333E-04 | 600 | 0,006 | 4,557 | 10,171 |
| 31 | 5,33333E-04 | 600 | 0,006 | 1,175 | 1,862 |
| 32 | 5,33333E-04 | 600 | 0,006 | 2,058 | 3,371 |
| 33 | 3,2E-03 | 600 | 0,006 | 23,41 | 42,76 |

Mit Excel berechnete ich dann die Werte für die Geschwindigkeiten und die Ladung der Öltröpfchen[1]. Der besseren Übersichtlichkeit wegen ließ ich die Ergebnisse in wissenschaftlicher Schreibweise ausgeben.

| Tröpfchen Nummer | Sinkgeschwindigkeit $v_1$ in $m/s$ | Steiggeschwindigkeit $v_2$ in $m/s$ | Ladung in $q$ |
|---|---|---|---|
| 1 | 1,8859017E-04 | 7,2345768E-05 | 3,356256096E-19 |
| 2 | 5,0078216E-04 | 2,8720140E-04 | 1,373831252E-18 |
| 3 | 3,5203498E-04 | 2,1384643E-04 | 7,935908200E-19 |
| 4 | 3,0080823E-04 | 2,0309711E-04 | 5,942321539E-19 |
| 5 | 1,4290809E-04 | 7,1703818E-05 | 2,160439073E-19 |
| 6 | 1,3001780E-04 | 8,0454518E-05 | 1,767706503E-19 |
| 7 | 2,4308706E-04 | 1,5741824E-04 | 4,422367344E-19 |
| 8 | 1,9952600E-04 | 1,3536371E-04 | 3,200198487E-19 |
| 9 | 2,1609927E-04 | 1,7226518E-04 | 3,067472220E-19 |
| 10 | 1,2686323E-04 | 6,6096542E-05 | 1,794463815E-19 |
| 11 | 1,8825732E-04 | 3,4634262E-05 | 3,295771211E-19 |
| 12 | 2,8797678E-04 | 8,2063856E-05 | 6,334705031E-19 |
| 13 | 1,9738453E-04 | 8,4871579E-05 | 3,571739525E-19 |
| 14 | 4,4077107E-04 | 3,2619755E-04 | 9,793882763E-19 |
| 15 | 4,5976983E-04 | 3,5698327E-04 | 9,878571057E-19 |
| 16 | 3,9014850E-04 | 6,2458485E-05 | 9,774353195E-19 |
| 17 | 1,9337672E-04 | 1,0565234E-04 | 3,341248157E-19 |
| 18 | 2,3640647E-04 | 7,3109390E-05 | 4,718536221E-19 |
| 19 | 3,6036014E-04 | 6,6458941E-05 | 8,729305005E-19 |
| 20 | 3,4497607E-04 | 1,6619913E-04 | 8,153811968E-19 |
| 21 | 3,1764920E-04 | 2,9596726E-04 | 3,408640589E-19 |
| 22 | 4,0465326E-04 | 3,1558166E-04 | 8,109218188E-19 |
| 23 | 2,4691343E-04 | 1,1449828E-04 | 4,961422560E-19 |
| 24 | 3,2109151E-04 | 2,2038554E-04 | 6,482504715E-19 |
| 26 | 2,4487282E-04 | 1,8460817E-04 | 3,977502259E-19 |
| 27 | 4,0557643E-04 | 2,6054372E-04 | 9,570193363E-19 |
| 28 | 1,4079541E-04 | 1,0290044E-04 | 1,789674491E-19 |
| 29 | 1,3447630E-04 | 6,5151845E-05 | 1,982897053E-19 |
| 30 | 1,1703599E-04 | 5,2436634E-05 | 1,624982961E-19 |
| 31 | 4,5390043E-04 | 2,8643018E-04 | 1,142956500E-18 |
| 32 | 2,5915112E-04 | 1,5821210E-04 | 5,002405308E-19 |
| 33 | 1,3669372E-04 | 7,4836296E-05 | 1,984737580E-19 |

Aus diesen Werten erstellte ich mit Excel ein Punktdiagramm. Die Einteilung der y-Achse ist wieder in wissenschaftlicher Schreibweise gehalten. Ein wenig verwundert war ich zunächst darüber, dass Tröpfchen mit annähernd gleicher Ladung komplett unterschiedliche Sink- bzw. Steigzeiten aufweisen. Bei näherer Betrachtung wurde aber klar, dass dieses Phänomen in den unterschiedlichen Massen der jeweiligen Tröpfchen begründet liegt.

---

[1] Für in Excel benutzte Formeln siehe 4.4

# Die Ladung von Öltröpfchen

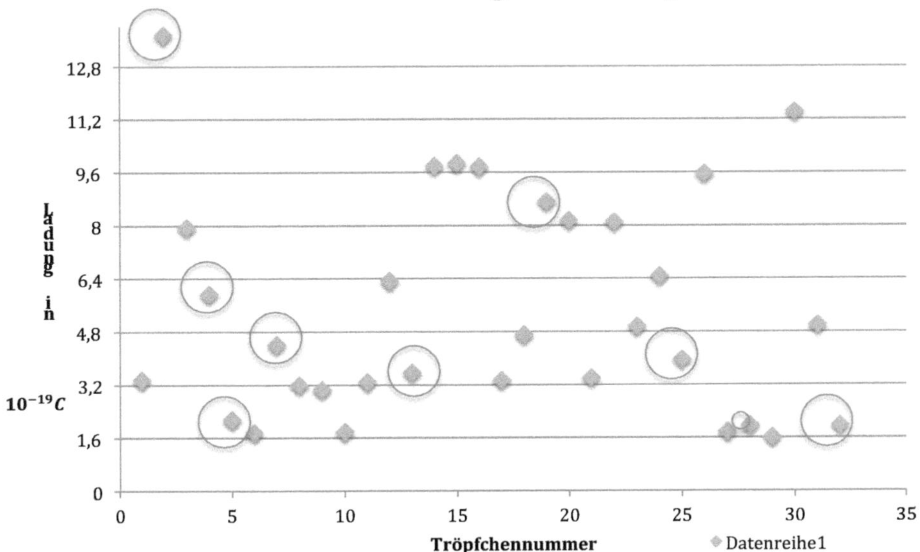


Wie man sieht, liegen die Werte in y-Richtung immer um etwa denselben Wert auseinander. Einige Werte jedoch fallen aus diesem Muster heraus, da sie den Abstand zu ihren „Nachbarn" in y-Richtung deutlich verlängern bzw. verkürzen. Diese habe ich zur Hervorhebung mit einem roten Kreis markiert. Das nächste Diagramm ist um diese offensichtlichen Messfehler bereinigt, so dass die Bestimmung der Elementarladung dadurch um einiges exakter ausfallen dürfte.

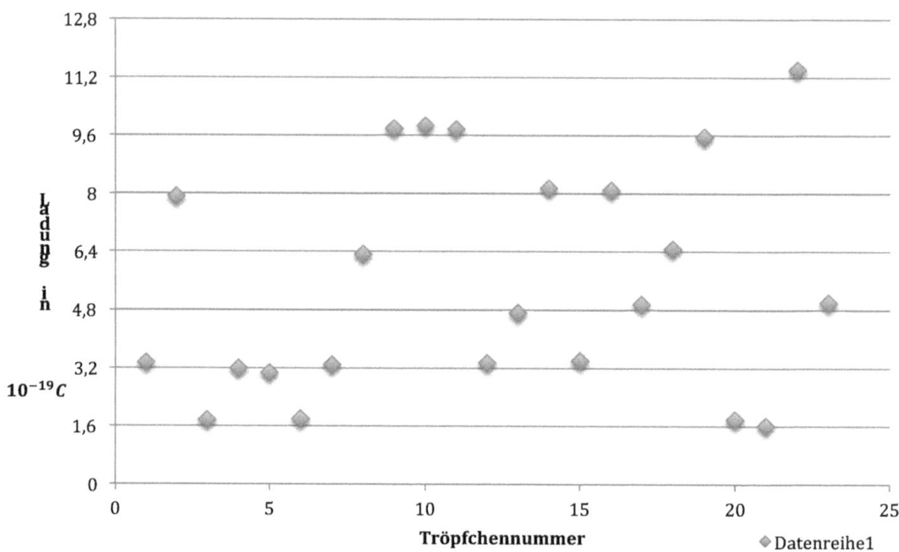



Daraus, dass alle Werte in dem Diagramm einen bestimmten konstanten Abstand zu ihren sich über bzw. unter ihnen befindlichen „Nachbarn" haben, ergibt sich, dass dieser Abstand die kleinste überhaupt mögliche Ladung darstellt, aus der alle anderen Ladungen „zusammenaddiert" sind. Nun wäre es zwar relativ einfach, den Mittelwert aus den vier kleinsten Werten zu bilden, nur ist es sehr wahrscheinlich, dass diese Werte immer noch einen gewissen Messfehler beinhalten. Deswegen erscheint es mir sinnvoller, alle Werte des zweiten Diagramms zur Berechnung dieser kleinsten Ladung – Elementarladung – heranzuziehen.

Mein erster Einfall war, Excel den größten gemeinsamen Teiler aller bereinigten Werte für $q$ bestimmen zu lassen, da die kleinste Ladung, wie aus dem Diagramm zu entnehmen ist, der größte gemeinsame Teiler sein müsste. Die Ausführung dieses Einfalles jedoch scheiterte daran, dass sich der GGT nur als Teilmenge ganzer Zahlen bestimmen lässt. Daher gab Excel als Wert für den GGT abwechselnd 0 und $1 \cdot 10^{-19}$ aus, was laut Diagramm jedoch keinesfalls stimmen kann.

Eine weitere Möglichkeit, an die kleinste Ladung zu kommen, besteht darin, das Diagramm zur Hand zu nehmen, um anhand der vertikalen Abstände ungefähr abzuschätzen, wie oft die kleinste Ladung jeweils in jeder Ladung steckt. Dann teilt man einfach die Ladung durch diese Anzahl der kleinsten Ladungen und bildet aus den Ergebnissen dieser Division das arithmetische Mittel.

| Tröpfchen Nummer | Ladung in $q$ | Anzahl kleinster Ladungen | Quotient $\dfrac{q}{Anzahl}$ |
|---|---|---|---|
| 1 | 3,356256096E-19 | 2 | 1,678128048E-19 |
| 3 | 7,935908200E-19 | 5 | 1,587181640E-19 |
| 6 | 1,767706503E-19 | 1 | 1,767706503E-19 |
| 8 | 3,200198487E-19 | 2 | 1,600099243E-19 |
| 9 | 3,067472220E-19 | 2 | 1,533736110E-19 |
| 10 | 1,794463815E-19 | 1 | 1,794463815E-19 |
| 11 | 3,295771211E-19 | 2 | 1,647885606E-19 |
| 12 | 6,334705031E-19 | 4 | 1,583676258E-19 |
| 14 | 9,793882763E-19 | 6 | 1,632313794E-19 |
| 15 | 9,878571057E-19 | 6 | 1,646428510E-19 |
| 16 | 9,774353195E-19 | 6 | 1,629058866E-19 |
| 17 | 3,341248157E-19 | 2 | 1,670624079E-19 |
| 18 | 4,718536221E-19 | 3 | 1,572845407E-19 |
| 20 | 8,153811968E-19 | 5 | 1,630762394E-19 |
| 21 | 3,408640589E-19 | 2 | 1,704320294E-19 |
| 22 | 8,109218188E-19 | 5 | 1,621843638E-19 |
| 23 | 4,961422560E-19 | 3 | 1,653807520E-19 |
| 24 | 6,482504715E-19 | 4 | 1,620626179E-19 |
| 27 | 9,570193363E-19 | 6 | 1,595032227E-19 |
| 28 | 1,789674491E-19 | 1 | 1,789674491E-19 |
| 30 | 1,624982961E-19 | 1 | 1,624982961E-19 |
| 31 | 1,142956500E-18 | 7 | 1,632795000E-19 |
| 32 | 5,002405308E-19 | 3 | 1,667468436E-19 |

Der Mittelwert der Quotienten beträgt auf vier Dezimalstellen gerundet $1,6472 \cdot 10^{-19}\,C$

Aus der bereits bekannten Tatsache, dass die Öltröpfchen negativ geladen sind, ergibt sich, dass auch die kleinste Ladung eine negative sein muss. Daraus wiederum folgt, dass es sich bei der Elementarladung nur um die Ladung eines Elektrons handeln kann. Damit wäre das in 2.1 beschriebene Problem gelöst.

# 3. Fazit und Reflexion

Beachtet man, dass mein Wert um nur 2,7319% höher liegt als der Literaturwert der Elementarladung $(1,6022 \cdot 10^{-19} C)$[1], betrachte ich meine Messung als äußerst gelungen, vor allem, wenn man beachtet, dass selbst Millikan bei seiner Bestimmung der Elementarladung um rund 0,6407% daneben lag[2]. Beachtenswert ist auch, dass es mir offensichtlich trotz der im Nachhinein etwas gering bemessenen Messstrecke zur Bestimmung der Geschwindigkeiten der Öltröpfchen gelungen ist, relativ exakte Werte zu bekommen, ohne überhaupt auf die Korrekturformel für die Stokes'sche Reibungskraft zurückgreifen zu müssen. Der Grund hiefür liegt darin, dass ich. bevor ich die eigentliche Messreihe durchgeführte, über einen längeren Zeitraum geübt hatte, die Messung genau so durchzuführen wie in 2.2 beschrieben. Dadurch konnte ich ein sehr gutes „Gefühl" für den Zeitpunkt entwickeln, wann es die Uhr zu starten bzw. zu stoppen galt. Hinzu kommt noch, dass ich einige Messungen direkt beim Experimentieren wieder verwarf, weil ich mir nicht sicher war, ob ich bei den jeweiligen Messungen der Steig- und Sinkgeschwindigkeit dasselbe Tröpfchen beobachtet hatte. Dies resultiert aus dem Umstand, dass der benutzte Millikan-Experimentiersatz der Firma Leybold eigentlich nicht für die von mir gewählte Versuchsvariante ausgelegt ist, so dass ich zum Umpolen des elektrischen Feldes das zu beobachtende Öltröpfchen aus den Augen lassen musste. Ein zusätzliches Problem stellten die Stoppuhren dar[3], welche nicht zusammenarbeiteten, so dass ich mich für jeweils zwei Zeitmessungen mit einer Uhr begnügen musste. Das bedeutet, dass die Zeit, während der ich die Öltröpfchen nicht beobachten konnte, vergrößert wurde, weil es neben dem Umpolen des $E$-Feldes auch noch die erste Zeit zu notieren und die Uhr auf wieder Null zu stellen galt.

Als Gesamtfazit bleibt festzuhalten, dass die Versuchsreihe zu dem gewünschten und auch intendierten Ergebnis geführt hat. In einem Punkt jedoch muss ich mich selbst kritisieren. Meine Versuchsergebnisse hätten möglicherweise noch genauer sein können, wenn ich von Anfang an meine beschränkten technischen Möglichkeiten berücksichtigt hätte. Tatsächlich hatte ich mich aber bereits auf eine Versuchsvariante

---

[1] Aus: Dr. Rolf Winter, Willi Wörstenfeld e.a, Das große Tafelwerk
[2] Basierend auf dem Wert aus Robert Andrews Millikan: On the Elementary Electrical Charge and the Avogadro Constant
[3] Siehe auch 2.2

festgelegt und die dazugehörige Theorie erarbeitet, bevor ich überhaupt die Verfügbarkeit des benötigten Equipments recherchiert hatte.

# 4. Anhang

## 4.1 Quellenverzeichnis


1. Georg Federmann, V.F. Hess – Eine Diplomarbeit, o.O., 2002
    http://physik.uibk.ac.at/hephy/Hess/diplomarbeit/Kapitel/8_6.html
        abgerufen am 11.01.2009

2. Joachim Green, METZLER Physik, Schroedel Verlag, Bonn, 3. Auflage 1998

3. Kevin Kaatz, Der Millikan-Versuch, Marienheide, 2002
    http://www.lern-online.net/physik/pdf/millikan-versuch.pdf
        abgerufen am 05.01.2009

4. LD DIDAKTIK GmbH, Atom- und Kernphysik, Bestimmung der elektrischen Elementarladung nach Millikan, Hürth, o.J

5. Rupprecht-Gymnasium (Ernst Leitner, Uli Finckh, Frank Fritsche),
Öltröpfchenversuch von Millikan – Antwort 5, München, o.J.
    http://leifi.physik.uni-muenchen.de/web_ph12/versuche/01millikan/antw5.htm
        abgerufen am 05.01.2009

6. Rupprecht-Gymnasium (Ernst Leitner, Uli Finckh, Frank Fritsche),
Öltröpfchenversuch von Millikan – Herleitung zum Millikanversuch, München, o.J.
    http://leifi.physik.uni-muenchen.de/web_ph12/versuche/01millikan/herleitung.htm
        abgerufen am 05.01.2009

7. Leybold-Heraeus GmbH, Gebrauchsanweisung Millikangerät Netzgerät, Bonn, 1978

8. Robert A. Millikan, On the Elementary Electrical Charge and the Avogadro Constant. In Physical Review, ser.2, vol. 2, Cornell, 1913

9. (Robert A. Millikan, The Nobel Prize in Physics 1923, [Auto]Biography)
Nobel Lectures, Physics 1922-1941, Elsevier Publishing Company, Amsterdam, 1965
    http://nobelprize.org/nobel_prizes/physics/laureates/1923/millikan-bio.html
        abgerufen am 11.01.2009

10. Notizen aus dem Physikunterricht

11. (American Institute of Physics, Robert Andrews Millikan 1868-1953)
Spencer Weart, Selected Papers of Great American Physicists: The Bicentennial Commemorative Volume of The American Physical Society, o.O., 1976
    http://www.aip.org/history/exhibits/gap/Millikan/Millikan.html
        abgerufen am 11.01.2009

12. Dr. Rolf Winter, Willi Wörstenfeld e.a, Das große Tafelwerk, Cornelsen Verlag, Berlin, 1. Auflage 2006

## 4.2 Arbeitstagebuch

| Datum | Tätigkeit |
| --- | --- |
| November 2008 | Vorstellung des Themas durch Herrn Tschirner |
| 19.11.2008 | erster Überblick über das Thema mit Wikipedia |
| 22.11.2008 | Betrachtung des themenbezogenen Materials im Physikbuch |
| 08.12.2008 | Vorstellung der vorläufigen Gliederung |
| 29.12.2008 | Empfang einer E-Mail mit Versuchsanleitung durch Hr. Tschirner |
| 05.01.2009 | Internetrecherche zum Thema<br>Gefundene Quellen:<br>- Rupprecht-Gymnasium<br>- Lern-Online.net |
| 06.01.2009 | Entscheidung für Gleichfeldmethode und Herleitung der Theorie |
| 09.01.2009 | Schreibbeginn:<br>- Problemstellung<br>- Aufbau und Versuchsvarianten |
| 10.01.2009 | Schreibbeginn:<br>- Herleitung der Theorie |
| 11.01.2009 | Internetrecherche zur Millikan-Biographie<br>- Diplomarbeit<br>- Nobleprize.org<br>- American Institute of Physics<br>und Schreibbeginn<br>- Biographie |
| 23.01.2009 | Heraussuchen der Gerätekarten und erstes Kennenlernen der Geräte<br>- Uhren funktionieren nicht wie geplant<br>- Gleichfeldmethode nicht ohne Weiteres möglich<br>- Hr. Tschirner baut für nächstes Mal Stromumpoler ein<br>Beratung über bisher Geschriebenes<br>- $\frac{e^-}{m}$ Teil kürzen<br>- Über Grundlagen des Versuches nachdenken |
| 30.01.2009 | Durchführung der eigentlichen Messreihe<br>- Stromumpoler kaputt – Einbau eines Neuen<br>- Uhren funktionieren immer noch nicht wie geplant – Durchführung mit nur einer Uhr<br>- Messung im Großen und Ganzen erfolgreich |
| 31.01.2009 | Änderung der Gliederung<br>- Aufteilen von „Aufbau und Varianten" in „Grundlagen und Aufbau" und „Varianten"<br>Straffung des Punktes „Problemstellung" |
| 06.02.2009 | Eintragung der Versuchswerte in Excel Tabelle |
| 07.02.2009 | Erarbeitung der Benutzung von Formeln in Excel und Berechnung der Werte mit Excel – Zeiten und Ladungen scheinen nicht zueinander zu passen |

| Datum | Tätigkeit |
| --- | --- |
| 08.02.2009 | Schreibbeginn<br>- Anwendung der Formeln, Bestimmung der Elementarladung<br>- Einleitung |
| 09.02.2009 | Besprechung der Versuchsergebnisse mit Hr. Tschirner<br>- Werte sind in Ordnung – Bedenken sind ausgeräumt<br>- Schaltskizze muss mehr Beschriftungen enthalten |
| 10.02.2009 | Schreibbeginn<br>- Fazit<br>- Anhang<br>- Inhaltsverzeichnis<br>Fertigstellung des Hauptteils |
| 12.02.2009 | Frage nach Quellenprotokoll und Rechercheablaufprotokoll – beide sind nicht notwendig |
| 13.02.2009 | Fertigstellung des Anhangs |
| 17.02.2009 | Korrekturlesen<br>Zusammenstellen der CD |
| 18.02.2009 | Korrekturlesen |
| 20.02.2009 | Abschließende Korrektur<br>- Beseitigung diverser Kontinuitätsprobleme<br>- abschließende Bearbeitung der Fußnoten |
| Ende Februar 2009 | Abgabe der Facharbeit |

## 4.3 Schaltskizze und Bilder

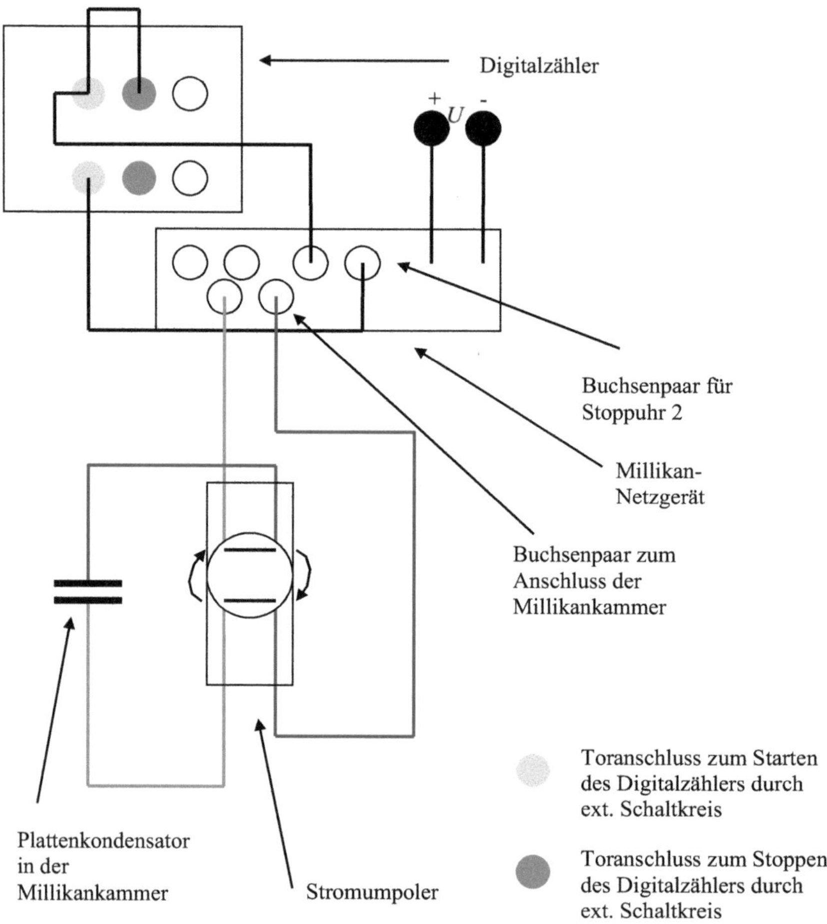


Schaltskizze meines Versuchsaufbaus

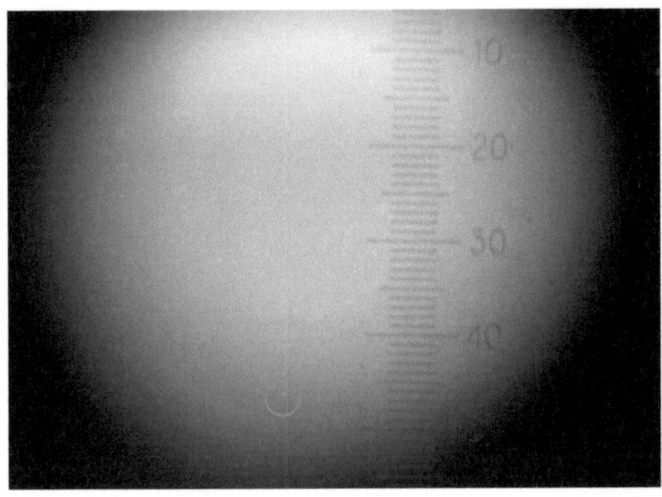

Blick in die Millikankammer – ein Öltröpfchen ist exemplarisch mit einem roten Kreis markiert

## 4.4 Excel Formeln

Bestimmung der Ladung:

=((9*PI()*0,00001828*(G2+H2))/(2*100000))*WURZEL((0,00001828*(G2-H2))/(875,3*9,8))

Quotient $\dfrac{q}{Anzahl}$:

=I2/K2

Mittelwert:

=MITTELWERT(M2:M25)